How To 青春期实验室

HOW TO?

如何跟情绪做朋友

朱雀为夏——著

中国妇女出版社

图书在版编目（CIP）数据

如何跟情绪做朋友 / 朱雀为夏著. -- 北京：中国妇女出版社，2022.9
（how to青春期实验室）
ISBN 978-7-5127-2146-3

Ⅰ. ①如… Ⅱ. ①朱… Ⅲ. ①情绪－自我控制－青少年读物 Ⅳ. ①B842.6-49

中国版本图书馆CIP数据核字（2022）第116754号

责任编辑：肖玲玲
封面设计：末末美书
责任印制：李志国

出版发行：中国妇女出版社
地　　址：北京市东城区史家胡同甲24号　　邮政编码：100010
电　　话：（010）65133160（发行部）　　65133161（邮购）
邮　　箱：zgfncbs@womenbooks.cn
法律顾问：北京市道可特律师事务所
经　　销：各地新华书店
印　　刷：北京通州皇家印刷厂

开　　本：145mm × 210mm　1/32
印　　张：4.375
字　　数：88千字
版　　次：2022年9月第1版　　2022年9月第1次印刷
定　　价：36.00元

如有印装错误，请与发行部联系

目录

CONTENTS

Chapter 1
觉察我们的情绪

Chapter 2
接纳焦虑情绪

Chapter 3
战胜愤怒

Chapter 4
和恐惧做朋友

Chapter 5
与悲伤相处

Chapter 6
嫉妒他人怎么办

Chapter 7
为什么我总会有各种担忧

Chapter 1

觉察我们的情绪

你问我叫什么？我叫情绪

动脑时间：

你能判断出妈妈的情绪吗？你是通过什么判断出来的呢？

想和情绪交朋友，学会和情绪相处，首先要能认出它们。下面就来认识一下我们的情绪朋友吧！

▪ 1. 昵称：乐乐

你也可以叫它本名：快乐。

爸爸给我买美味的冰激凌，

妈妈做了我最爱吃的菜，

一家人在旋转木马上欢笑，

结交了有趣的朋友，

和朋友一起看动漫，

放学一起说说笑笑地回家，

演讲比赛得了奖，

给爷爷画了一幅素描，

被老师夸有唱歌的天赋，

……

这些时刻，乐乐经常会出现在我们身边。

它总是开心地笑着，尽情享受欢乐的时光。

通过它的眼睛看这个世界，你会觉得天好像更蓝，阳光也更灿烂，叽叽喳喳的鸟叫就像动听的旋律，让我们想随之翩翩起舞。

▪ 2. 昵称：悲悲

你也可以叫它的本名：悲伤。

妈妈工作太忙没去看我演出，

爸爸出差很久没有回来，

家里的狗狗生病了，

期待很久的旅行取消了，

关系很好的朋友转学了，

篮球比赛失利了，

新买的手机被偷了，

……

这些时刻，悲悲经常会出现在我们身边。

它难过地垂着嘴角，眼睛湿漉漉的，无精打采，情绪低落。

■ 3. 昵称：怒怒

你也可以叫它的本名：愤怒。

爸爸妈妈冤枉了我，

同学在背后说我的坏话，

信任的朋友没有帮我保守秘密，

看到有人被欺负，

老师偏袒了别的同学，

……

这些时刻，怒怒经常会出现在我们身边。

它火冒三丈，紧握着拳头，气呼呼地跺着脚。

■ 4. 昵称：惧惧

你也可以叫它的本名：恐惧。

考试失利后请家长去开家长会，

生病时面对明晃晃的针头，

在万丈高空跳伞，

深夜在陌生城市里迷了路，

在学校门口遇见不良少年，

……

这些时刻，惧惧经常会出现在我们身边。

它心跳得很快，紧张地颤抖着，头上冒着冷汗。

▪ 5. 昵称：厌厌

你也可以叫它的本名：厌恶。

在图书馆看到大声喧闹的同学，

在公交车上碰到脱鞋的大叔，

面对腐烂的食物，

……

这些时刻，厌厌经常会出现在我们身边。

它皱着眉头，抿着嘴唇，眼神中透露着反感。

快乐、悲伤、愤怒、恐惧、厌恶，这五个情绪朋友还会变形组合出各式各样的情绪。

比如欣喜若狂。因数学考试得了满分而欣喜若狂，这是极度的快乐。

比如害羞。对他人的夸奖感到害羞，这是不想让人看出自己因被夸奖而感到快乐。

比如伤感。看到花儿凋谢而伤感，我们心里是淡淡的悲伤。

比如担忧。担忧明天下雨影响出行，这是轻微的恐惧。

比如警惕。担心自己可能会被他人伤害，会心生警惕。

比如焦虑。当你刻意逃避恐惧，试图遮掩恐惧时，可能会出现焦虑。

比如嫉妒。看到妹妹比自己成绩好，会产生嫉妒，这可能是因为恐惧父母更喜欢妹妹，以及责怪自己为什么不如妹妹。

如何召唤自己的情绪朋友

动脑时间：

为什么不同的人对同一件事情会有不同的反应？你对这个问题感到好奇吗？

各种各样的情绪是如何被召唤出来的呢？

外在刺激 + 大脑评判
召唤
情绪朋友

当出现外在刺激时，因为对刺激事件评判不同（也就是认知不同），我们会召唤出不同的情绪。

比如，一般情况下，我们看到蛇会产生恐惧的情绪，因为我们担心蛇会伤害我们。

但如果是捕蛇人，他们在看到蛇的时候，就会产生开心的情绪，因为对他们来说，今天的工作有所收获。

比如，同样是演讲比赛，如果我们的认知是“向大家展示我的思考”，那么我们就会倾向身心愉悦地享受演讲的过程。

如果我们的认知是“必须拿到好名次”，那么我们就会在意演讲的结果，因此会产生一些焦虑感。但有焦虑感并非坏事，如果是适度的焦虑感，有时还能帮我们发挥得更加出色。

如果我们的认知是“表现得不好就会被嘲笑”，那么就很有可能带来过度的焦虑，影响我们演讲时的表现。

再比如，我们给朋友发消息时对方没有回复。如果我们的认知是“他可能还没有看到”，那我们可能会好奇他在做什么。

如果我们的认知是“我是不是做了什么事情让他不高兴了，他才没有回我消息”，我们就会很担忧。

如果我们的认知是“我就是惹人讨厌的，所以别人对我爱搭不理”，我们就会产生悲伤。

很多时候，这些念头是瞬间闪现出来的，如果我们不去留意，就不知道我们的情绪从何而来，会简单地把情绪归咎到刺激事件上，导致我们和情绪朋友相处不好。

另外，如果你注意观察就会发现，当我们的大脑出现情绪反应时，身体也会随之做出反应。甚至很多时候，身体上的反应快于我们的意识。

比如，我们看到一只大蜘蛛时，会感到恐惧，会出现手心冒汗、身体颤抖、心跳过快过浅等反应。

多重情绪

动脑时间：

你觉得快乐和悲伤会同时出现吗？

我们对一件事产生的情绪有时可能不止一种，而是多种，多种情绪中可能还有一些是相互矛盾的。

比如，我们最好的朋友获得作文比赛的冠军。一方面我们会为他感到高兴，另一方面我们会感到有些羡慕或者嫉妒。

比如，我们在旅行时结识了不是很了解的新朋友。一方面我们会因为跟对方相处融洽而感到开心，另一方面我们会因为担心对方伤害自己而有所警惕。

比如，我们因为患重感冒而没去上学。一方面我们会很烦躁，因为一直鼻塞很难受，另一方面我们会因为妈妈无微不至的爱和照顾而感到快乐。此外，还有一种可能，我们会担心因为几天没去上课而导致学业跟不上。

当多重情绪出现时，尤其是相互矛盾的多重情绪出现时，我们可能会产生迷茫的感觉。比如，我们或许会质疑自己："我是真的为朋友高兴吗？如果是真的为他高兴，我又为什么嫉妒他呢？"

出现这样的质疑，往往是因为我们不知道人出现多重情绪是正常的，所以拒绝接纳自己的情绪，或者否定自己。

召唤我们的情绪朋友

动脑时间：

你知道在考试紧张时如何召唤“冷静”情绪吗？

在不同的时刻，我们需要召唤出不同的情绪朋友来陪伴我们。

比如，身体不舒服的时候，我们可能会出现悲伤或者恐惧的情绪，如果这些情绪加重了身体不舒服的感受，那么我们就需要有意识地放松身体，召唤平静、乐观、冷静等情绪朋友。这样你会发现，不适感会有所降低。

要注意的是，悲伤、恐惧、烦躁并非是错误的。

假如没有恐惧，我们就可能会忽视身体的痛苦，导致病情加重。

假如没有悲伤，我们的痛苦就没有抒发的机会，所以要允许自己有脆弱的时刻。哭一哭，反而让我们活得更有韧性。

不过，我们不能让悲伤和恐惧一直陪伴在身边。当它们的正面效果逐渐消失，让我们变得更痛苦，会造成一些糟糕的后果时，我们就需要有意识地召唤其他情绪朋友了。

当然，如果悲伤和恐惧一时不愿意离开也没有关系，不必抵触，可以先让它们与我们召唤出的其他情绪朋友同在。

我们衡量哪些情绪陪伴是目前更合适的选择，就像选择和哪个朋友玩一样，有的朋友可能非常有趣，我们和他们玩耍会非常开心，但选择他们一起备战考试可能就不是一个好的决策。

猜猜我是谁

动脑时间：

你觉得你有多了解自己呢？

情绪管理的第一步是“觉察”。这要求我们准确判断在刺激事件出现后，哪些情绪朋友来了。

或许你会说，我怎么可能不知道自己有什么样的情绪呢？

其实还真不是这样。人就是这么奇怪，我们总以为自己很了解自己，但很多时候我们不仅不会留意自己的感受，还总忽视自己身体上的反应。

就像我多次提醒心情紧张的朋友放松肩膀时，他们先是满脸惊讶，然后才发现自己的肩膀紧绷得耸了起来。

我们无法准确地判断自己的情绪，就很难判断这些情绪产生的原因。

也就是说，我们搞不清楚自己是因为什么刺激源、大脑出于什么样的评判而产生的情绪。

这种情况下，我们很容易选择回避这些原生情绪，或者选择和原生情绪对抗，这样容易让我们产生更加痛苦的衍生情绪。

小课堂

原生情绪与衍生情绪

刺激事件发生时，我们最初产生的情绪或者最初的反应就是原生情绪。随之，我们会对自己的情绪产生情绪上的反应，这就是衍生情绪。

比如，别人夸奖我们，我们最初的反应可能是高兴。但是由于被教育要谦虚，我们对自己产生高兴这种情绪而感到不好意思。或者认为别人夸奖自己的内容有些夸大，也会产生不好意思或者抗拒的情绪。

再比如，我们偷拿了父母的钱，最初的反应可能是恐惧。后来，因为担心被父母发现，我们会产生一系列联想，“如果他们发现了会打我吗？”“他们会不会认为我很糟糕？”这些认知评判会让我们产生焦虑感和羞愧感。

这里给大家推荐两种觉察情绪的方式。

▪ 丰富关于情绪的词汇

掌握与情绪有关的词汇，可以帮助我们更好地描述自己内心的感受。

下面，我先写下一些关于情绪的词汇:

愉快、兴奋、甜蜜、身心舒畅、喜出望外、心花怒放、欣赏、满意、满足、得意、难过、哀伤、忧愁、心酸、同情、悲喜交加、悲痛欲绝、低落、垂头丧气、悲愤、怒火中烧、恼火、怒不可遏、愤愤不平、痛恨、嫉妒、憎恶、反感、厌烦、焦虑、害怕、害羞、胆怯、胆战心惊、瞻前顾后、担忧、忧愁、着急、压抑、冷静、困惑、心烦意乱、后悔、内疚、怀疑、警惕、敬畏、冷漠……

轮到你啦!

写出 20 个上面没有写到的、与情绪有关的词汇吧!

1.________________

2.________________

3.________________

4.________________

5.________________

6.____________________

7.____________________

8.____________________

9.____________________

10.____________________

11.____________________

12.____________________

13.____________________

14.____________________

15.____________________

16.____________________

17.____________________

18.____________________

19.____________________

20.____________________

上面这些词语，你可以理解它描绘的感觉吗？

▪ 回想情绪出现的时刻

尝试回忆一下你出现这些感受的时刻吧！

将你第一个回想起的时刻画在下面，体会一下看到这幅画的感受。

我当时的情绪：________

我当时的想法：________________________________

____

我现在看着这幅画是什么感受：____________________

____

记录你的情绪

动脑时间：

为什么有些人被他人夸奖时会害羞呢？

记录情绪可以帮助我们进行情绪管理。

在产生情绪的那一刻，我们可以反问自己:

“我现在是什么情绪？”——我的情绪。

“我因为什么事情产生这样的情绪？”——具体事件。

“这件事情为什么会让我产生这样的情绪？”——具体原因。

随后你可以在你感到安全的“秘密基地”，将自己的情绪记录下来。

举例:

具体事件	我的情绪	具体原因
偷拿了父母的钱	原生情绪：恐惧 衍生情绪：焦虑、羞愧	如果父母发现了怎么办？一直在担心这件事，担心父母会对自己失望
被人夸博学多识	原生情绪：高兴 衍生情绪：不好意思	虽然被人夸奖很开心，但自己离博学多识还有很大的差距
周末因为妈妈一直叫我早点起床，冲妈妈发火了	原生情绪：愤怒 衍生情绪：愧疚	周末早上妈妈一直叫我起床，让我感到自己连周末的时间都不能自由安排。但又觉得不该冲妈妈发火，担心伤害到妈妈而觉得很愧疚

参考上面的例子，尝试记录一下情绪吧。

具体事件	我的情绪	具体原因

Chapter 2

接纳焦虑情绪

人人都有外貌焦虑

好羡慕你呀，怎么吃都不胖！我小腿好粗，夏天都不敢穿裙子。

你别不知足了，我还羡慕你呢，眼睛这么大，真好看！

身材苗条才让人羡慕啊！

那你个子高啊！

朱雀姐姐：

我最近脸上长了许多痘痘，总觉得别人在看我的时候，认为我不好看。其实我五官长得还是挺不错的，可我就是担心别人会在意我脸上的痘痘。唉……好烦恼啊！

虽然我们经常被教育“不要看重外貌”，但人很难不在乎自己的外貌。毕竟，在现实生活中，外貌的确会影响到他人对自己的第一印象。

不过，如果你仔细观察就会发现，有些男孩和女孩的外在条件没有那么优秀，但依然很受欢迎。他们的生活中处处充满欢声笑语。

因为外貌姣好虽然会给我们的社交加分，但是加分项又不是只有外貌一项，我们还可以创造很多加分项。

比如，一些脱口秀演员长得普普通通，但他们的风趣幽默与自信洒脱会让很多人心生欢喜，从而把他们外貌上的不足也视为他们的特色。

▪ 如影随形的“滤镜”

手机上的滤镜能让我们在社交平台上的照片更漂亮，但世界上还有一些无形的“滤镜”，这些滤镜可以让我们在现实生活中更加光彩照人！

比如，自尊、自爱、自信、真诚、乐观、善良，这些卓越的内在气质都是超级棒的“滤镜”，会大幅提升你外在的颜值。

因为由内而外的美会让你的肢体语言、眼神、表情有一种“高级的美”，让他人觉得赏心悦目。

下面这几个“滤镜”中，哪些是你用过的呢？请在你使用过的“滤镜”后面打个“√”吧！

滤镜一：自信的微笑 □

滤镜二：友善的言语 □

滤镜三：关心他人 □

滤镜四：懂得倾听 □

滤镜五：帮助弱小 □

滤镜六：有自己热爱的事情 □

滤镜七：挫折打不倒的顽强 □

滤镜八：乐观的态度 □

滤镜九：不断成长 □

你还想到哪些可以提升颜值的滤镜了呢？补充在下面吧！

滤镜十：（　　　　　　　　　　）

滤镜十一：（　　　　　　　　　　）

滤镜十二：（　　　　　　　　　　）

滤镜十三：（　　　　　　　　　　）

滤镜十四：（　　　　　　　　　　）

滤镜十五：（　　　　　　　　　　）

滤镜十六：（　　　　　　　　　　）

滤镜十七：（　　　　　　　　　　）

■ 和完美主义“吵架”

很多成年人经常把完美主义和追求卓越混为一谈。事实上，追求卓越≠完美主义。

追求卓越的人在乎的是，如何提升自己的个人价值以及“我”可以为这个世界做什么。

完美主义的人在乎的是别人怎么看待“我”的价值。

所以，完美主义的人会因为过于在意他人的评价而苛责自己，将自己的不足视为人生败笔，让自己的精神世界充满痛苦与压力。

下面，我们来玩一个和完美主义“吵架”的小游戏吧！

完美主义：因为我脸上长了痘痘，所以我不好看。

我会这样反驳：虽然我脸上长了痘痘，但我可以去看皮肤科医生进行治疗，并且我的牙齿既整齐又洁白，鼻子也很挺拔呢。

你会怎样反驳：________________________________

____

完美主义：别人如何评价我最重要了。

我会这样反驳：我的价值是客观存在的，不会因为别人的评价而改变。如果别人的评价让我认识到不足而提升自己，那很好。但如果别人的评价让我焦虑不安、身心俱疲，那就不用在乎了。

你会怎样反驳：________________________________

____

完美主义：只有长得完美，才会有人喜欢。

我会这样反驳：我喜欢的人也不完美，但我还是喜欢他呀。

你会怎样反驳：________________________________

____

完美主义：拥有一双大眼睛才漂亮。

你会怎样反驳：________________________________

____

完美主义：因为我没有明星那么美，我再怎么努力，也没有人欣赏我。

你会怎样反驳：______________________________

____

▪ “屏蔽”打击你外貌的人

如果有人经常拿你的外貌开玩笑，或者总是刻薄地评价你的外貌，那么请给他一个暗含“你自己去照照镜子吧”这一意思的白眼，然后离他远一点，再远一点吧！

我们不需要得到他的认可，不要让这种负能量的人影响自己。

▪ 活出你的自信

自信会让我们整个人显得很有气质。同时，有气质的、自信的肢体语言也可以提升我们的自信。

你现在可以试一试：

先弓背低头，感受一下你的自信程度。

再试试抬头挺胸，感受一下你的自信程度。

是不是有所差别呢？

如果你想让自己走路更有气质，可以练习下面的方法。

1. 下巴微收。

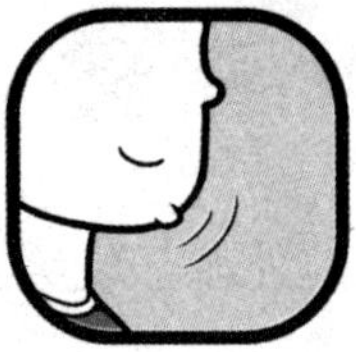

2. 肩部打开，然后下沉。

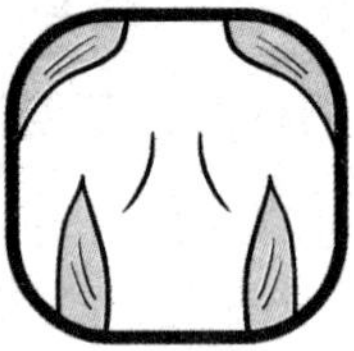

3. 腹部肌肉绷紧。

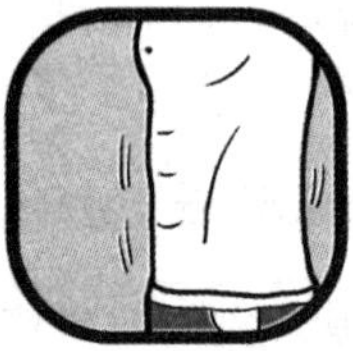

4. 后脑勺、后背和臀部轻贴墙壁，然后保持这个姿势。

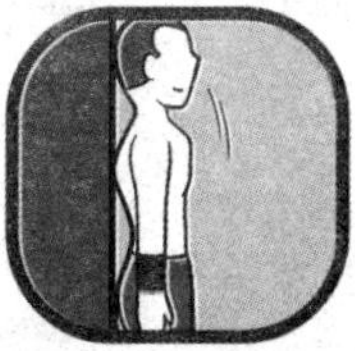

5. 在头上顶一本书走路。

焦虑让我拖延怎么办

本来想利用暑假把下学期的内容预习一遍，但一直今天拖明天，明天拖后天，现在快开学了，书却没翻几页。

我也是，而且越想越焦虑，一焦虑我就想刷小视频，结果一天就过去了……

朱雀姐姐：

每当任务越重的时候，我就会越焦虑，然后就想疯狂地玩手机，或者做其他的事情，不想直接面对自己该完成的任务。我该怎么办呢？

▪ 先完成，再完美

面对比较有挑战性的任务时，如果一开始我们就对自己提出尽善尽美的要求，反而容易出现自我否定的情况。

比如，我们会质疑：

“我能够达到这种理想状态吗？”

“我会不会完成得很糟糕？”

“我有能力达到吗？”

……

所以，当开始某个任务时，我们先努力完成就好，之后如果还有时间与精力，再尽量完善。

▪ 制订合理的学习计划与学习目标

当我们制订的学习计划与学习目标难度过大时，就容易出现拖延的情况。

比如，我们会担心：

“我会不会达不到这个成绩？”

“这件事我能不能做到？”

“昨天我没有完成五份卷子，哎，学习计划是不是要失败了？”

……

这些焦虑与挫败难免会影响我们完成任务的动力。

所以，在制订学习计划时，一定要量力而行。并且在制订计划的过程中，不必追求每个知识点面面俱到，只需要通过学习让自己有所提高就好。

▪ “55法”

5 秒钟：当我们有学习任务需要完成时，在 5 秒内立即去做，不要犹豫，也不要给自己再玩一局游戏的时间。

5 分钟：如果这时你对学习任务有抵触感，心里升起拖延的想法，那么就告诉自己：“先做 5 分钟就好，如果 5 分钟后不想做了，或者有其他情况，我随时可以停下。”

或许你会想，如果每次我只学 5 分钟，也没什么用处。关于这一点，就大可不必担心啦！因为人们都有未完成情结，一旦我们开始做一件事情，就会希望有始有终，忍不住想要继续做下去。所以，只要开始学习，往往学习时间就会比我们想象中的更久一点儿。

另外，只要我们开始了，无论是背了一个单词，还是做了一道题，都比拖延着什么都没做强得多！

▪ 充足的睡眠

充足的睡眠不仅可以让我们心情变好，降低焦虑感，而且只有睡够了，大脑才能更有活力地工作。

▪ 适当的有氧运动

每周 4~5 次，每次 20~30 分钟的有氧运动，可以帮助我们缓解焦虑感。

慢跑

骑车

游泳

有氧体操

▪ 冥想

与其带着过度焦虑低效率地学习，不如抽出 10 分钟进行冥想吧！

选择一个让你放松的姿势坐下，
闭上双眼，只关注你的呼吸，
什么都不想，
如果分神了也不要紧，
提醒自己继续关注自己的呼吸就可以了。

考前焦虑怎么办

完了，完了，我考前焦虑了。

不就是一场考试吗？把平时会的都发挥出来不就得了？

明天可是期中考试啊！要是没考好，我怎么向爸妈交代？还有，上次考完我不该嘲笑大黄的成绩，这次我要是考得不如他，可怎么办呀！想到这些，我晚上都睡不着了……

朱雀姐姐：

每次临近考试，我都会觉得特别紧张与焦虑，吃不下、睡不着，担心考不好。因为心里总是很慌乱，学习效率因此变低了很多，比如，复习的时候经常走神，注意力没有平时那么集中。我该怎么办呢？

面对考试带来的压力时，我们出现焦虑和紧张是一种很正常的反应。

如果是适当的焦虑，这种焦虑具有一定的正面作用，可以刺激我们，让我们未雨绸缪，厚积薄发，让学习更有效率。

如果你的焦虑不但没有正面作用，反而影响了学习和考试，就可以尝试下面的方法来缓解。

▪ 自我提问

我们与其说是害怕考试，不如说是在担心考不好的后果。

当你为考试成绩担忧时，可以问自己这样几个问题：

我一定会考砸吗？把认为自己会考砸的理由列出来。

根据写下来的理由，这件事情发生的概率有多大？

如果考砸了，最坏的结果是什么？

如果最坏的结果发生了，到时候我会怎么正面解决？

当你完成这几个问题后，你会发现，无论是考试，还是考不好的后果，都没有那么可怕了，因为无论如何，我们都是有能力面对和解决的！

▪ 放松你的身体

当因为焦虑睡不着的时候，你可以观察一下自己的身体，你会发现肌肉是绷紧的，肩膀是耸起来的。身体这么僵硬，怎么能进入舒适的梦乡呢？

所以，睡觉的时候，我们可以有意识地觉察自己的身体是否处于放松的状态。身体放松了，精神也会放松，这样可以更快地入睡。

什么是放松状态呢？我们先玩一个小游戏。

现在，握紧你的拳头。

用力将全身肌肉绷紧！

加大马力，让它们绷到最紧的状态！

坚持！坚持！

坚持！！！

坚持到无法再坚持时，松开双拳，放松肌肉。

尝试过上面这个放松小游戏后，记住身体彻底放松的感觉。在身体紧张影响睡眠的时候，提醒自己让身体肌肉保持放松的状态。

▪ 和父母聊一聊

如果是担心父母的责备，不妨和父母聊一聊你的担忧和焦虑。或许你会发现，父母并不会因为过于强求你的成绩，而忽视你平时的努力。

比如，可以告诉他们：

“我会尽全力准备考试，虽然努力的程度可能和你们的要求还有些距离，但还是希望你们在考试后给予我更多鼓励，这样我才能在考试前不因为紧张而影响学习效率，在考试后有更多的动力去提升自己的成绩。”

▪ 制订复习计划

考前复习阶段如果一味做题、背书，就会担心自己万一遗漏这里或那里怎么办。

我们可以在复习前，根据考试时间安排让自己安心且可行的复习计划。

不去考虑会遗漏什么，只去考虑我们要准备什么。

Chapter 3

战胜愤怒

他为什么这么暴力

听说咱们学校要严厉打击校园暴力行为了！

欺凌弱小非君子所为，打架更是野蛮人解决问题的方式。

哈哈，你说话还是这么文绉绉的。不过我完全赞同你的观点！

朱雀姐姐：

每次看到有人打架，我都很困惑，为什么他们要通过暴力行为解决问题呢？

为什么有些同学，甚至是成年人，在愤怒情绪下只会用暴力行为处理问题呢？他们往往是因为下面这些原因。

■ 成长于有暴力行为的家庭

如果父母有暴力行为，或者经常用暴力手段作为解决问题的方式，成长于这种家庭的孩子遭受过父母的虐待，那么他们也可能对他人实施暴力，这种暴力行为有代代相传的倾向。

当他们面对人际冲突或或产生无能感与愤怒情绪时，他们也会像父母一样用拳头解决问题。

但我们要明白，父母解决问题的方式单一，不代表我们也只能采用单一的方式解决问题。

况且，如果我们认真观察就会发现，父母想用暴力解决问题，但往往解决不了根本问题。

所以，习得更多解决问题的方式，才能更好地解决矛盾与问题。

记住，不要让自己成为暴力的人，也不要成为认可暴力的人，因为这样会毁掉我们的人生、事业、友情，以及我们将来的婚姻。

我们可能改变不了暴力的父母，但请相信自己一定可以更有智慧地经营自己的未来！

▪ 认为暴力可以获得同伴的认可，提升社交地位

有些人认为，通过暴力塑造的权威感，可以给他们带来友谊，得到他人尊重。

但结果往往是相反的。就算别人因此愿意和他们在一起玩，也不是真心想和他们做朋友，因为仅仅靠暴力威胁维持的关系是不平等的。

在不平等的关系中，我们即使强求，也很难感受到友情带来的温暖与满足感，更不会有真实的欣赏与认可，不会有彼此之间的尊重和关心。

那种所谓的“前呼后拥”，只会让人更感虚无与孤独。

▪ 自我证明

急于自我证明，这在那些从小被鼓励“要有男性气质”的男孩身上更为常见。

这里的“男性气质”是指那种古板的偏见，比如认为男孩用暴力解决问题、蛮横无礼是男子汉的表现。

这类男孩的养育者在看到他们有暴力行为时会说：“男孩子嘛，这样以后有本事！”“男生和女生不一样，男孩子就是更活泼点嘛。”“小孩子闹着玩呢，别当真嘛。”

所以，当他们产生无能感的时候，他们自然而然地会通过欺负那些打不过自己的人来逞英雄，证明自己是个“爷们儿”。

事实上，真正的英雄是保护弱小的人，而不是欺负弱小的人。

欺善怕恶、恃强凌弱的人是“怂包”，而不是“爷们儿”。

▪ 缺少沟通能力

沟通能力比较差的人，因为无法通过良好的沟通满足自己的需求，表达自己的立场，所以往往选择暴力方式。

上面讲了暴力行为出现的原因，当然，我们也不需要对号入座，即使我们身上有这些因素，也不代表会出现暴力行为。

人之所以成为“人”这么厉害的高等生物，是因为有很强的能动性。我们会不断地改造环境，改进自我。

即便身处泥泞，我们也会不断地尝试着爬出这一摊泥泞。

控制不住的双拳

在干嘛呢？

哎呀！你轻点儿行不行！

你故意找事儿呢？

我故意找你事儿？我闲得啊，好像我多想搭理你似的。

你是不是欠揍？

你张牙舞爪给谁看呢？

朱雀姐姐：

今天我因为打人被请家长了，回家后，爸爸打了我一顿。

其实我一开始只是和同学闹着玩，没想到他竟然生气了。我觉得很丢人，于是和他吵了起来，后来旁边的同学跟着起哄。我没忍住就打了他几拳。

你说这事儿能全怪我吗？他如果不是一直和我甩脸子，我肯定不会打他的！

我们在前面介绍过“愤怒”这个朋友，它常常会在我们感受到蔑视、冤枉、挫败之时出现。

不过，即便对方的话激怒了我们，暴力也不是我们在愤怒情绪下解决问题的唯一方式。

我们的身体里蕴藏着一股名为“反思”的力量。只要发掘出这股力量，你就会像游戏里的人物一样，不断地升级自己，变得越来越厉害！

下面讲几个“升级秘籍”，让我们一起来升级自己，更好地和愤怒情绪相处吧！

▪ 不要为暴力行为找借口

如果自己出现了暴力行为，尤其是多次使用暴力行为处理问题时，不要把责任推卸到他人身上。

如今我们并非处于靠暴力生存的年代，生活中的问题有很多方式可以解决。无论是什么原因，无论多愤怒，我们都不该认为暴力是正确的，尤其是对方并未对你使用暴力的情况下。

我们要明白，伤害他人是损人不利己的事情，伤害他人，也得不到我们想要的尊重。

▪ 探索愤怒的原因

我们要搞清楚自己为什么会愤怒，这样才能和愤怒更好地相处。

在愤怒的时候，我们要问问自己：我到底为什么生气？是对方侵犯了公平、正义以及我的权益，还是我内心有控制欲、脆弱、不安与自卑呢？

比如，陌生人多看了我们几眼，我们就非常不高兴。

我们为什么会愤怒呢？是因为觉得别人看不起自己吗？为什么我们会觉得别人多看自己几眼就是看不起自己呢？为什

么我们那么在意一个陌生人的眼神呢？

我们会不会是因为缺少对自己的认可，才会觉得别人的关注是一种轻视呢？

这时，我们需要着手解决的是如何认可自己，而不是冲着看我们的人挥舞拳头。

出现愤怒情绪是正常的，但如果我们认为所有人都和自己过不去，怨天尤人地四处攻击他人，最终伤害的只会是自己。

▪ 提前留意我们的情绪

下面哪些场景会让你产生不能自控的愤怒？请在相应的□里打“√”。

如果你有其他的场景需要补充，可以在后面列举。

1. 被老师冤枉作弊时 □

2. 不被父母理解时 □

3. 朋友拒绝你的邀请时 □

4. 被同学开玩笑时 □

5. 你觉得自己不被在乎时 □

6. 同桌一直打扰你午休时 □

7. 考试失利时 □

8. 比赛失败时 □

9. 作业做不完时 □

10. ______________________________

11. ______________________________

12. ______________________________

13. ______________________________

14. ______________________________

15. ______________________________

在出现上述相应的场景时，我们可以提醒自己，留意自己的情绪，避免情绪失控。

▪ 记录我们的愤怒

每次出现愤怒情绪或者和他人发生矛盾时，我们可以从以下 8 个方面进行记录。

1. 事件（具体发生了什么事情，详细地描述）

2. 事件评价（你如何看待这件事情）

3. 情绪（当时你内心的情绪）

4. 身体感受（当时你身体上的感觉或者变化）

5. 你想做什么（事件发生时，你想做出什么样的行为）

6. 你做了什么（事件发生时，你现实中做出的行为）

7. 造成的结果（你做出的行为产生的短期结果以及长期结果）

8. 是否有更优的方式（是否有更好的应对方式，对短期结果或者长期结果有更好的影响）

范例：

下面是一名五年级男生填写的愤怒情绪记录表。

愤怒情绪记录表

事件	同学一边故意推我的胸口，一边颠倒是非地说："你干吗？你打我干什么？"我开始没有理他，对他说："你小子真能找事儿，玩儿真的你行吗？"但他又冲着我做鬼脸，还故意哈哈大笑，引起其他同学的注意，随后其他同学也跟着笑了起来。于是我忍不住给了他一拳，他躲开了，我又给了他一拳，他就被打哭了。后来，班长把老师叫了过来，我俩被请了家长。
事件评价	如果不是他故意挑衅我，或者班里的同学没有笑话我，我或许更能控制好情绪，控制住不去打他。虽然他的行为让我愤怒，但真正让我控制不住情绪的是班里同学笑话我。我在被嘲笑的情况下，情绪失控了，不知道怎么处理会更好。
情绪	刚开始蒙了一下，没想到他竟然会推我，而且也挺伤心的，因为我们平时经常在一起玩。班里同学哈哈大笑后，场面特别尴尬，我就越来越愤怒了。
身体感受	我感觉双腿发抖，站不稳，四肢僵硬，手脚都不听使唤，五官挤在了一起，呼吸渐渐不均匀，想哭。
你想做什么	我想质问他为什么这么对我，也想阻止大家对我的嘲笑。

续表

你做了什么	我揍了他，自己也被气着了。
造成的结果	短期结果：被老师请家长，回家挨了一顿打。 长期结果：被老师和家长误认为爱打架。
是否有更优的方式	1. 不应该打他，可以反问他“幼稚不幼稚”。 短期结果：同学会认为是他在做幼稚的事情，就不会笑我了。这样我就不会打他，也不会被请家长了。 长期结果：大家会觉得我很成熟，很有教养，并且也不是任人欺负的“软柿子”，这样就没人轻易挑衅我了。 2. 可以和老师说明情况。 短期结果：这样就不会被请家长，可以免一顿打。 长期结果：不会有人再轻易地向我挑衅，家长和老师会觉得我不爱惹事，也会信任我。

你也来试一试吧！

愤怒情绪记录表

事件	
事件评价	
情绪	

身体感受	
你想做什么	
你做了什么	
造成的结果	
是否有更优的方式	

当你的生活中出现让你困扰、痛苦、心烦等事情，或者任何情绪让你觉得有压力的时候，都可以用这个表格记录，这样可以帮助你和他们更好地相处。

▪ 离开让你愤怒的场景

当我们觉得无法控制自己时，尽快离开让自己愤怒的场景。

远离那些会引发自己愤怒情绪的事情，可以让自己冷静下来，避免暴力行为出现。

▪ 找到让你有价值感的事情

越自卑的人越容易使用暴力，因为只有拳头是他唯一的依仗。

不过，如果我们盲目自信，那我们假装出来的自信可能连自己都无法说服。

所以，挖掘自己的潜力，培养自己的才能，这样才能收获真正的价值感，让我们真正地自信起来。

哎，我真不想发火

跟你说了多少遍，把屋子收拾收拾，你这屋子乱得简直跟狗窝一样。

我收拾过了，再说了，我自己找得到东西就行！

这就是你收拾的，把袜子塞被窝里？

哎！和你说过多少次了！不要乱翻我东西！

你都是我生的，我翻翻你东西怎么了？

你怎么这么烦人呢！

朱雀姐姐：

我和妈妈吵架了。她真的很烦人，一直在唠叨着让我收拾屋子。我忍不住就吼了她。虽然当时自己发泄了情绪，但后来我看着她难过的样子，心里也很不好受。唉，我真的不想发火。现在该怎么办呢？

在生活中，我们会发现，面对陌生的人，我们往往更能克制自己争吵的冲动。但面对亲密的人，我们更容易跟他们吵架。这是因为亲密的人彼此更在乎对方，在乎对方对自己的态度，在乎对方的想法。但是，我们这么做，事实上会对我们在乎的人造成伤害。

当我们和家人、朋友有矛盾的时候，冲对方发火往往只能解一时之气，或许当时我们觉得发一顿脾气好像解气多了，但长久来看，随着一次又一次发脾气，彼此之间的关系可能会越来越糟糕，我们的心情也会随着人际关系的恶化而变得越来越糟糕。

■ 深呼吸，让你的大脑冷静下来

放松训练是心理学中一种缓解焦虑、愤怒、恐惧的生理调节方式。

当我们觉得濒临情绪失控边缘的时候，可以先用放松训练中的腹式呼吸来帮助我们重新掌握情绪的控制权。

腹式呼吸：这类似于大家常说的深呼吸。在下面的练习中，呼吸要缓慢，不要过急地大口呼气、吸气。

首先，平缓地、深深地把空气吸入身体的最深处，随着呼吸，腹部慢慢地隆起。呼吸时，心中默念“1……2……3……4……5……”然后停留片刻。最后，缓慢平稳地吐气。

腹式呼吸做完后，轻轻地计数，默念“1……”连续做10组，从“1”计数到“5”即可。

▪ 学会表达你的需求

和亲近的人发生矛盾，往往是因为双方的需求不一致。比如，妈妈的需求是希望你把屋子收拾得整洁一些，你的需求是不希望家长干涉收拾屋子或者不收拾屋子的自由。

人际交往中的很多事情，我们往往很难判断谁对谁错，并且很多情况下，争论对错是没有意义的，因为根本就没有对错，只是不同的人站在不同的立场有不同的需求罢了。

无论是和父母相处，还是和老师、同学相处，如果我们把重点放在谁的需求是对的、谁的需求是错的上，往往就无法解决需求不同的问题。

所以，我们在面对需求不同的问题时，可以分五步去解决。

▪ 明确对方的需求

如果不明白对方的需求是什么，那么吵架也是白吵，浪费情绪，浪费时间。

当我们十分清楚对方的需求时，就不用询问对方。就像妈妈吼着让我们学习的时候，不用问我们也知道她的需求。

当我们不是很清楚对方的需求时，可以询问对方。比如:

“你是希望我把衣服都放进衣柜吗？”

“你是希望我把被子叠起来吗？”

倾听他人的需求是很有必要的，虽然我们有权利把自己的需求放在首位，但如果我们只在乎自己的需求，全然不顾他人的需求，那就很容易以自我为中心，成为一个自私自利的人。

▪ 了解你的需求

我们来回想一下，我们上一次和父母争吵的场景。

当时你的情绪是什么？

____

你希望对方改变什么行为？

____

▪ 表达你的情绪

用“我”开头来表达情绪。

比如：

“我觉得很难过。”

“我觉得心里很受伤。”

“我觉得很焦虑。”

“我觉得很害怕。”

避免使用“你”开头来表达情绪:

“你让我很生气。”

或者“我觉得你让我很生气。”

▪ 表达你的需求

用简洁、平和、不带指责的语言描述你希望对方做出的改变。

我希望你可以________________________________

比如:我希望你在进我房间前,先敲门或者说一声。

▪ 协商彼此的需求

你的需求和对方的需求有冲突时,对方往往并不会马上满足你的需求。

这时我们需要根据对方的需求,和对方商量出一个双方都能接受的方案。

你的需求:________________________________

对方的需求:______________________________

可协商的方向

频率:______________________________

时间:______________________________

地点:______________________________

例:

你的需求:想玩游戏。

对方的需求:不想让你玩游戏。

可协商的方向

频率:一周两次。

时间:周末晚上 10 点前,不影响睡眠。

地点:家里。

面对那些故意激怒我的人

啦啦啦啦啦，妈妈给我买了新鞋子！

哟，你这鞋子是山寨版的吧！

怎么会是山寨版的呢？我妈带我去专卖店买的。

什么专卖店买的，一看就是假的，有本事你把购物小票拿出来看看！

我没留购物小票。

哼，没有就没有，说什么没留！

朱雀姐姐：

我们班有个同学特别喜欢找我麻烦。我穿新鞋，他说我的鞋子是山寨版的；我问老师问题，他说我是“狗腿子”；我考试考得好，他问我抄谁的。我和他吵了好多次，可他好像盯上我了一样，更爱找我麻烦了。我该怎么办呢？

有些人就像游戏中的怪兽，他们以你的愤怒为食。

当你对他们发火的时候，他们会露出大白牙发出“哈哈哈哈”的胜利笑声。因为他们从你的愤怒中觉察到他们的言语攻击让你感到痛苦。而他们喜欢让别人产生痛苦。

如果让这些“怪兽”发现，你会因为他们的攻击而痛苦，他们就会乐此不疲地纠缠你、攻击你，享受你因他们攻击而愤怒得面孔涨红的痛苦。

这些人因为有太多的不快乐，才成为这样的“怪兽”。他们越不快乐，就越不希望别人快乐，希望别人和他们一样痛苦。

如果我们把太多心神浪费在他们身上，我们就会成为和他们一样的“怪兽”了。

那么，有什么办法可以驱走这些“怪兽”呢？

▪ 打败“怪兽”的通关秘籍

面对那些故意激怒你的人时，我们可以想象成一局游戏。

“怪兽”：巴拉巴拉巴拉巴拉。(翻译：你的鞋子是山寨版的吧？)

【选择按钮】

1. 生气的表情:“我的鞋是正版的！”

2. 无动于衷，还有点想笑:“你开心就好。”

选择一:“怪兽”成功地吃到了愤怒，发出“哈哈哈哈”的得意笑声。

声波攻击 KO（击倒）了你。

GAME OVER（游戏结束)。

选择二:“怪兽”发起第二轮攻击——大家都听到了吧？他承认是假的了。

1. 生气的表情:“我什么时候说是假的了？”

2. 无动于衷，还有点想笑:“你开心就好。”

结局一:“怪兽”成功地吃到愤怒，发出“哈哈哈哈”的得意笑声。

声波攻击 KO 了你。

GAME OVER。

结局二:“怪兽”的肚子饿扁了，毫无收获后，灰溜溜地跑了。

“怪兽”: 巴拉巴拉巴拉巴拉。(翻译: 你怎么这么讨人厌呀！)

【选择按钮】

1. 发火的表情:“我怎么讨人厌了？”

2. 无动于衷，还有点想笑:“哦，对呀，的确没你讨人喜欢。”

选择一:“怪兽”成功地吃到了愤怒，发出“哈哈哈哈”的得意笑声。

声波攻击 KO 了你。

GAME OVER。

选择二:“怪兽”发起第二轮攻击——你承认你讨人厌了！

【选择按钮】

1. 发火的表情:“我才没承认呢！”

2. 无动于衷，还有点想笑:“对，我特别讨人厌，你特别讨人喜欢。”

结局一:“怪兽”成功吃到了愤怒，发出“哈哈哈哈”的得意笑声。

声波攻击 KO 了你。

GAME OVER。

结局二:“怪兽”的肚子饿扁了，毫无收获后，灰溜溜地跑了。

▪ 当他侵犯你的权益时

如果对方侵犯了你的权益，这时我们就应该利用愤怒时分泌的肾上腺素，迸发出勇气，维护自己的权益。

愤怒是一把双刃剑。当我们手握愤怒时，心里就会涌起力量与勇气。但如果这把剑我们挥舞得不好，它就会成为一件失控的武器，从“力量之剑”变成“恶之剑”。

这需要我们提醒自己把握好情绪高昂与情绪失控的临界点。

我们可以告诉自己:“我在利用愤怒带给我的力量。我会更加机敏、更加勇敢，头脑也更加清晰。”

Chapter 4

和恐惧做朋友

我被吓跑了

你看前面好像是三班的同学在打一班的同学！

啊，他们好像看到我们了！

快跑！

朱雀姐姐：

我今天看到同学在打架，但我没敢上前阻止，和朋友一起跑了。虽然我一直试图说服自己，我去劝架也没用，还有可能也被打，但我心里还是很内疚，觉得自己是个胆小鬼，一点儿勇气都没有，感觉自己好差劲。我该怎么办呢？

因为不够勇敢而内疚，这说明你是一个很有道德感的孩子！

就像你说的，当时你上前阻止，很有可能也会受到伤害，这是一种潜在的危险。我们在面对危险的时候，出现逃跑行为是正常的。

恐惧并不是胆小，也不是懦夫的表现。很多时候，我们产生恐惧情绪的确会帮我们避免遭受伤害。

当“恐惧”这个朋友出现在我们身边时，他是来告诉我们“要当心点！”。

有时，我们可以选择勇敢地去做让我们感到恐惧的事情，但要记住恐惧对我们的叮咛——“当心点！”。

比如，蹦极可能是一件让我们既快乐又恐惧的事情。当我们勇敢尝试的时候，就要记住“恐惧”这个朋友对我们说的话，多一份小心。

比如，我们蹦极时要选择安全措施比较好、人员比较专业的场地。如果场地和工作人员看起来很不专业，或者你之前玩这种高空项目时心脏很不舒服，那就听“恐惧”这个朋友的话，别玩了。

同样，见义勇为、帮助弱小，当然是非常棒的品格，但当恐惧提醒我们有危险的时候，我们需要衡量一下，怎样做既能帮助处于险境中的人，又能降低自己受伤的可能性。就像如果你不会游泳，就不适合跳下水救人，而适合在岸上呼救，找会游泳的人来帮忙。

那么，看到同学打架这种情况，如果你判断上前帮忙的危险系数很高，可以选择赶紧报告老师，在校外的话，可以报警或者求助附近的成年人帮忙。

在这些时刻，一定要留意恐惧和你说的“当心点！”。

注意：下面这些时刻不是一定不能做这些事情，或者不能帮助他人，而是需要“当心点！再当心点！”。

1. 尝试跳伞、潜水、过山车等有危险性的活动时。

2. 去陌生城市旅行时。

3. 一个人走夜路时。

4. 独自在外，有人向你问路时。

5. 对方无视你的拒绝时。

6. 刚认识的人过于热情地打探你的隐私时。

7. 网友邀请你见面时。

8. 当网友问起你家和学校地址时。

9. 有人说不舒服，希望你帮忙搀扶他回家时。

10. 发现朋友有虐待动物的行为时。

11. 当对方试图威胁你时。

12. 当对方面色不善时。

13. ______________________________

14. ______________________________

想一想，还有什么情况需要“当心点！再当心点！”。把你的想法补充在横线上吧！

启动“勇气键”

这人怎么这么不讲文明！

我如果说他插队，他会不会和我吵架？

朱雀姐姐：

今天我排队的时候看到有人插队，本来我想阻止的，却没有勇气。我如何做才能成为一个勇敢的人呢？

当我们被恐惧吓得不敢做特别想做的事情时，我们需要一个“勇气键”，一键清除脑海中所有的担忧。

▪ 在你的手心设置一个“勇气键”

现在按着它，回想你曾经很勇敢的时刻，记住那时的感觉。

如果没有也不要紧，告诉自己：“按下去后，我就会很勇敢！”

正在储存你的勇气……

好，“勇气键”已经设置成功啦！松开手指吧！

在你需要勇气的时刻，马上用力地按下它！然后立刻去做！

1. 和陌生人说话时。

2. 帮助被霸凌者时。

3. 问老师问题时。

4. 想发表自己的看法时。

5. 想考名校时。

6. ______________________________

7. ______________________________

8. ______________________________

9. ______________________________

10. ______________________________

在横线上补充你需要启动“勇气键”的时刻。

记住：当我们挑战一些令自己恐惧的事情时，不给自己犹豫与担忧的时间，这样就可以避免因为想太多而把恐惧当成怪兽了！

我不敢问路

你去跟那个叔叔问一下路。

我……我不想去。

都这么大了，有什么不敢的！

我不是不敢，就是不想去。

我在你旁边呢，你放心大胆地问。

朱雀姐姐：

我不太敢和陌生人说话，最近在练习主动找陌生人问路。可是在问路前，我心里忐忑不安，会一直犹豫要不要上前问路，害怕对方拒绝我或者理都不理我。所以最终也没敢上前去问。我该怎么办呢？

有时候，我们会误把好心来提醒我们“当心点”的恐惧当作可怕的怪兽，或许本来没有可怕的事情，但一切也因此变得可怕了。

不过，不必责备自己，每个人都有错把恐惧当怪兽的时刻。

当你需要否定“恐惧”这位朋友给你的意见时，就试试下面的方法吧！

▪ 在大脑中预演如何面对恐惧的事物

在大脑里玩一个小游戏吧！

在一个你感觉舒适、安静的环境里，用感到舒服的方式坐或者半躺在那里。

想象一个你曾经害怕或感到有压力的情景。比如，你可以想象向陌生人问路、和老师打招呼、在公开场合演讲……

下面我们以问路为例:

我们想象自己正走在一条林荫小道上。路上有很多人，我们选择一个看起来比较和善的人，走过去向他问路。

不用排斥此时出现的任何情绪，只需要相信我们可以做到。同时提醒自己，这是在自己的大脑中演习，可以随时停下或者重来。

哪怕这次表现得不好，我们还有很多次重新游戏的机会。哪怕退缩了，也没有人会看到，只需要再勇敢地尝试一次就可以了。

一开始，我们不必想象太长的对话，只要开始尝试就很棒了，后面根据自己的节奏逐渐拉长对话。

随后，我们可以和朋友或者家人讨论类似下面的问题:“如果跟人问路该怎么打招呼？”“我用这样的语气和状态演讲怎么样呢？”“如果别人有这样的反应，我怎么应对比较好呢？”

讨论过后，在大脑中想象这些情景，不断增强应对这些情景的能力。

▪ 降低需求法

在问路的时候，可以退一步告诉自己：“无论对方是否热情地指路，起码我勇敢地做到向别人问路了。”

在演讲的时候，可以退一步告诉自己：“无论演讲的效果如何，我都是参加过演讲的人了，起码可以往简历里多加一笔了。”

在雅思口语面试的时候，可以退一步告诉自己：“无论口语成绩如何，起码我多了一次口语考试的经验。”

……

可以尝试以此类推。

当你尝试某件事情，需要克服某种恐惧时，试一试填写下面这个充满魔力的句子，为自己打气吧！

无论________________，起码________________。

明天要去演讲

明天的演讲稿背得怎么样了？

早就背得滚瓜烂熟了。

哇！到时候我给咱们班的大才女录像！

可是，我有点儿紧张。如果表现得不好你就别录了。

朱雀姐姐：

明天我要参加演讲比赛了。这是我第一次在公开场合演讲，心里有些紧张。想问一下，有没有什么办法可以缓解这种紧张呢？

普遍化暗示

参加演讲比赛时，你绝对不是那个唯一担心自己表现的人。所有参赛的人都如此。因为大家会不自觉地想进行印象管理，所以会有所担忧。

既然每个人都有这样的担忧，那就不用担心自己会被别人嘲笑，开始紧张点也没关系，其他人或许比你还紧张呢。

另外，也不必担心主动交谈会让别人觉得不舒服。比如聚会时，那个坐在那里看似镇定的人，说不定也在想自己看起来是不是好傻，没人和自己说话好尴尬呢。

那么，我们不妨暗示自己："大家都是如此。"

▪ 小范围暴露法

我们可以先尝试从小范围突破自己的舒适区。平衡冒险行为和可控感，让自己不至于因为恐惧而压力过大。

比如，我们在准备演讲的时候，可以面对一两个朋友演练一下。如果觉得自己的压力特别大，可以先演讲几分钟，再慢慢增加演讲的时间。

再如，如果在陌生的地方向他人问路让你觉得害怕，那你可以先试试在自己有安全感的地方问路。

▪ 承认自己的感受

我们可以坦然地告诉身边的朋友:“这是我第一次参加演讲，真的很紧张。”

当我们承认自己的感受，接受上台后出现紧张或失误的情况，告诉自己这没什么大不了的，这样，就可以避免紧张。

告诉自己，即便出现紧张和失误，也掩盖不了我们的价值。

■ 熟悉环境

如果知道演讲的地点，就可以提前熟悉一下场地，甚至可以站在台上练习一下。

即便不能去现场感受一下演讲场地，我们也可以熟悉一下周边环境，比如，离场地最近的卫生间在哪里，从教室怎么过来最方便，从教室过来要多久等。

最后，再给大家分享一个我的独门秘籍吧！

在上台前，用左手手指在右手手心写一遍自己的名字(左撇子相反)，然后亲吻一下自己的名字，接着握紧拳头，在心中默数 10 个数后松开手掌。

咦，你一定会问，朱雀姐姐，你都在帮助别人管理情绪，自己也会有害怕的时候吗？

当然有啦！无论看起来多么成熟稳重的成年人，都会有害怕的时候，只不过有些成年人可能不敢承认罢了。除了他们害怕的事情本身外，他们还害怕别人知道他们害怕。

我们不需要学他们假装无所畏惧，只需要懂得，在恐惧的时候如何和恐惧共处就好啦！

我真的好怕鱼

妈妈，以后你别做鱼汤了好不好？我看到鱼就害怕！

鱼有什么好怕的，它又不会咬人。

我知道它不咬人，但我就是害怕呀！

不要矫情了，鱼肉多好吃呀！

可我就是害怕呀……

朱雀姐姐：

不知道为什么，我很害怕鱼。只要是整条的鱼，无论是活的还是死的，我都会很害怕。朋友和家人都说我是装的，但我真的不是。你相信我吗？我该怎么办呢？

害怕鱼和害怕老鼠、蟑螂、蜘蛛并没有什么区别。既然有人害怕蟑螂，当然也会有人害怕鱼啦！

至于为什么害怕鱼，原因可能有以下几种：在某个让你害怕的场景里出现过鱼，有人和你讲过关于鱼的恐怖故事，某个害怕鱼的人将对鱼的恐惧传递给了你。此外，也有其他原因。

如果害怕某类动物给你带来烦恼，影响了你的生活，要克服这种恐惧，不妨尝试下面几个方法。

第一步：把它画下来。

第二步：看它的黑白照片。

第三步：看它的彩色照片。

第四步：看与它相关的视频，注意确保视频中的它看起来没有危险性。

第五步：扮演它。比如，想象你就是一条鱼，在水里游来游去，碰到一只海螺，和它打了声招呼。

第六步：触摸这类动物的玩偶或模型。

第七步：远远地看看它。如果你害怕的动物是不能离太近的，或者是不能和它玩的，比如老虎、毒蛇、鳄鱼之类的，到这里就可以了。

第八步：慢慢地离它近一点儿，再近一点儿。

第九步：看别人抚摸它，和它玩。

第十步：亲手抚摸它。

Chapter 5

与悲伤相处

悲伤的假期

你天天把自己关在屋里听这些悲伤的歌，怎么不出去和朋友玩呀？

不想去。

你是不是心情不好？

没有，我就想一个人待着。

你怎么了？以前放假你不都很开心吗？

朱雀姐姐：

放假前我和一个朋友绝交了，现在我每天都不想出去玩，只想一个人待在房间里。有的时候洗着澡我都会忍不住哭出来。我真的不想每天这么难过，有没有什么办法可以让我马上好起来呢？

快乐是我们的一种重要情绪，悲伤也是。

我们即便能控制住悲伤的眼泪，也无法控制悲伤的眼神。

不过，不要因此觉得悲伤只有负面的作用。正是因为悲伤的存在，我们才会更珍惜快乐；正是因为悲伤的存在，我们才会成长。

如果你的悲伤是因为失去了曾让自己快乐的人、事、物，此时，不必拒绝悲伤，也不要忘记那些人、事、物曾给我们带来的快乐。

千万不要因为失去，就不敢尝试。人生就像一幅美丽的画，由缤纷的色彩绘成，悲伤是蓝色，快乐是黄色，愤怒是红色，厌恶是绿色，恐惧是黑色……这些缤纷的色彩绘成了我们缤纷的人生故事，让我们在回忆往事时不至于了无生趣。

回忆一下吧

你上次哭泣是什么时候？是因为什么呢？

____

你妈妈上次哭泣是什么时候？是因为什么呢？

____

你爸爸上次哭泣是什么时候？是因为什么呢？

____

你好朋友上次哭泣是什么时候，是因为什么呢？

____

如果你发现自己并未留意过父母或者朋友的情绪，也不必自责，可以友善地问一问他们，或许答案会和你想象的有所不同。

快乐日记

泰戈尔在诗中这样写道:“如果你因失去了太阳而流泪，那么你也将失去群星了。”

这句诗很美，给我们带来了激励和启发。不过，如果从情绪管理的角度看，我觉得我们可以为失去太阳而流泪，也并不妨碍我们拥有群星。

因为，失去了，哭过了，或许会让我们更懂得珍惜每一颗闪耀的星星。

从今天开始，去发现你生活中每一件美好的小事吧！

比如，陌生阿姨帮你按了电梯，同学微笑向你问好，小狗向你摇尾巴，妈妈做了你最爱吃的菜，奶奶帮你缝了衣扣，爸爸把遥控器控制权让给了你，你解出很难的数学题……

我会永远难过吗

妈，我又想旺财了。我给它买的罐头刚刚收到，它怎么就离开我了呢？

别哭啦！旺财虽然走了，但它有你的陪伴，这一生都很快乐。

可我快乐不起来，我真的好想它。

我也很想它。咱们一起把它之前的照片整理出来，为它做一个视频来纪念它，好不好？

好……

朱雀姐姐：

我从小养大的狗狗上周生病死了。这一周，我每天都很难过，几乎每时每刻都会想起和它相处的点点滴滴……那种只能任由自己爱的事物离自己远去的无力感，真的好痛苦。我会永远这么难过吗？

悲伤出现后，往往会比其他情绪待得更久一些，因为那些给我们带来悲伤的事情，需要我们慢慢地接受。

▪ 悲伤的五个阶段

当人遇到难以接受的事情后，会经历五个阶段。

第一个阶段是否认。人们会拒绝相信事实，希望时间倒流，希望一切都没有发生。这时候往往不愿接受失去，甚至没有意识到失去。

第二个阶段是愤怒。认为凭什么这样，这样不公平。“为什么要离开我？”

第三个阶段是讨价还价。“这件事如果可以不发生，我愿意如何如何。”

第四个阶段是消沉。感觉丧失了一切希望，未来漆黑一片，在黑暗和痛苦中不知道该何去何从。

第五个阶段是接受。

这五个阶段，不是每次悲伤都一定会全部经历，但或多或少会经历其中几个阶段。想要到达第五个阶段，需要我们积极地面对悲伤。

▪ 接受我们的悲伤

虽然每种情绪都是我们的朋友，但是谁不想让快乐陪伴自己的时间更长一些呢？不过，想让快乐陪伴我们，并不是要拒绝悲伤的出现。

这里我们来思考一个问题：

当我们不允许自己悲伤，拒绝悲伤这个朋友出现，会出现什么情况呢？会变得更快乐吗？

想想下面这些话，是让你感觉更好，还是更糟？

“我讨厌这些糟糕的情绪。”

“这些情绪能不能不要再出现了？”

“我竟然为这件事难过，简直太脆弱了。”

“能不能让我快乐一点儿？”

“我要马上开心起来。”

“天哪，为什么让我这么伤心？”

当我们拒绝接受自己的悲伤时，我们就是在拒绝情绪朋友的出现。那么不再出现的可能不仅是悲伤，连同快乐也会被我们拒之门外。

压抑自己的悲伤，只会让悲伤变得失控，变得难以与之共处。

压抑情绪看似是在积极地应对，实则是一种逃避，而直面它、接纳它是更为积极勇敢的方式。

也许，你并不喜欢“悲伤”这个朋友，但生活并不是童话故事，不会只有让我们心生欢喜的事情，让人悲伤的事情必然会发生。

不过，请相信自己，只要你愿意直面悲伤，你就可以和悲伤好好相处，生活给予我们的考验，一定是我们有能力通过的考验。

当然，你也无须假装喜欢悲伤，只需要接纳他的出现，不要用对抗的方式让他离开就可以了。

或许你会担心，如果我接纳了悲伤，会不会一直悲伤下去呢？

我们可以想象一下:

当悲伤出现时，它告诉我们:“我很难过。”如果我们这时赶走它，它会不会更难过呢？

如果我们陪它一起哭一哭，听一听它为什么而难过，接纳它的存在，它会不会感觉更好一些呢？

所以，想哭的时候就在家人的怀抱里、朋友的身边，或者其他不会打扰他人的地方，大声地哭一场吧！

眼泪就像雨水，可以冲刷心中的痛苦，也可以滋润内心的干枯，让我们的心重新焕发生机。

心情总是好低落

我发现你最近好喜欢叹气呀！

我也不知道为什么，心情总是很低落，感觉生活特别没劲。

哈哈，每个月那么多考试，还不够刺激呀?!

上课，写作业，大考小考模拟考，天天都是这样过，有什么刺激的?!

你呀，就是想得太多了。你成绩好，爸妈又疼你，你有什么可苦恼的?!

朱雀姐姐：

我成绩还算不错，朋友也不少，父母也很民主，甚至很多同学都羡慕我，觉得我一切都称心如意。但每天的生活就像复制粘贴出来的一样，乏味极了。有时候，我好想大声嘶吼。可我连一个嘶吼的理由都没有。我并不是对自己自暴自弃，学习上我很努力，可就是觉得做什么都没意思。我该怎么办呢？

生活往往需要我们发挥创造性才会变得更有趣。如果日复一日地做着单调的事情，会让我们的心情变得糟糕。

固然，作为学生，学习应该是我们的主旋律，但是有的时候，我们需要为生活添加一些色彩，让新鲜有趣的事物为我们注入活力。

▪ 快乐清单

当我们想召唤回快乐与活力时，可以尝试列出一个快乐清单。

1. 游泳 □

2. 跑步 □

3. 跳舞 □

4. 搏击 □

5. 瑜伽 □

6. 滑雪 □

7. 滑冰 □

8. 滑滑板 □

9. 踢足球 □

10. 打乒乓球 □

11. 打羽毛球 □

12. 打橄榄球 □

13. 打冰球 □

14. 打网球 □

15. 打台球 □

16. 打雪仗 □

17. 下象棋 □

18. 下围棋 □

19. 下军旗 □

20. 下楼散散步 □

21. 观察一下你们小区或者你家附近有什么植物 □

22. 触摸你家楼下的一棵树，了解它的手感 □

23. 和家人一起去爬山 □

24. 和家人一起去郊游 □

25. 和家人一起去野营 □

26. 和家人一起去游乐场 □

27. 和家人去之前没去过的地方旅行 □

28. 和家人一起逛超市 □

29. 喝一瓶汽水 □

30. 自制一杯由你命名的混合饮料 □

31. 吃一根冰激凌 □

32. 自制冰激凌 □

33. 吃一袋你最喜欢的零食 □

34. 做一顿晚餐 □

35. 做一盘水果沙拉 □

36. 学习一道新菜 □

37. 学做一道甜品 □

38. 和许久未见的朋友打一通电话 □

39. 邀请朋友来家里玩 □

40. 和朋友一起打篮球 □

41. 和朋友一起玩卡牌游戏 □

42. 和朋友一起去看电影 □

43. 和朋友一起玩剧本杀 □

44. 和朋友一起逛街 □

45. 和朋友一起去动物园 □

46. 画一幅自画像 □

47. 为你最喜欢的人画一幅像 □

48. 以你想象中的未来为主题画一幅画 □

49. 去美术馆转一转 □

50. 去博物馆转一转 □

51. 去科技馆转一转 □

52. 看一部欢乐的电影 □

53. 看一场球赛 □

54. 看一本有趣的漫画 □

55. 看一本你喜欢的小说 □

56. 买一本你喜欢的书或者杂志 □

57. 写一首诗 □

58. 大声朗诵一首诗 □

59. 听几首欢乐的歌 □

60. 跟着歌曲随意地摇摆起舞 □

61. 写一首歌 □

62. 洗澡时大声地唱歌 □

63. 学习一种乐器 □

64. 写一篇小说 □

65. 拍摄、剪辑一个有趣的视频 □

66. 学习软笔书法 □

67. 练几页字 □

68. 学一个小魔术 □

69. 自制一条手链 □

70. 制作一本影集 □

71. 练习陶艺 □

72. 练习插花 □

73. 给未来的你写一封信 □

74. 坐在街边观察路过的行人，猜测他们是做什么工作的，要去什么地方 □

75. 参加一场公益活动 □

76. 喂一喂流浪的小动物 □

77. 为家中的宠物梳理毛发 □

78. 和家中的宠物一起玩耍 □

79. 去图书馆看一下午书 □

80. 观察天上的星星 □

81. 给造型奇特的云彩拍照片 □

82. 换一个新发型 □

83. 打会儿游戏 □

84. 自拍几张照片 □

85. 泡热水澡 □

86. 睡懒觉 □

87. 拼一个模型 □

88. 拼一幅拼图 □

89. 分类整理你的衣柜 □

90. 照料一盆植物 □

91. ______________________________

92. ______________________________

93. ______________________________

94. ______________________________

95. ______________________________

96. ______________________________

97. ______________________________

98. ______________________________

99. ______________________________

100. ______________________________

在横线上补充其他让你觉得快乐的事情吧！

每次无聊或者不开心的时候，选择上面的 1~3 个，把它们放进你的快乐清单里，尝试着去做一做吧！

做这些事情或许不能让你马上忘却悲伤，或者立即振作起来，但至少可以让我们内心更有力量。

记住：每次尝试不同的选择，比如，这次选打游戏、吃汉堡、喝可乐，下次就选和朋友去爬山、在山上放声高歌、喂一喂小鸟。可以优先选择未曾尝试过的活动，并且要为这些快乐时光合理安排时间，不要影响日常的学习。

如果你担心家长不支持，可以先和他们沟通，用平和、渴望得到支持的语气表达你的想法。让他们了解你做这件事可以让你的状态变得更好，你也会把握好尺度，保证不影响个人安全与学习成绩。

如果父母坚决反对，可以先选择你们双方都认可的活动。

Chapter 6

嫉妒他人怎么办

我是在嫉妒吗

这次考试，全班第一名又是露露，你看她那得意的样子……

我听说她每天学到半夜，能学习不好吗？

就是呀。她整天还装腔作势地问老师问题，就是想让老师注意到她。

尤其她说话还故意嗲声嗲气，听见就烦！

朱雀姐姐：

我特别讨厌班里的一个女生。我觉得她特别喜欢炫耀自己，但我和妈妈说过后，妈妈说我是嫉妒她。虽然刚开始听到妈妈这么说时，我的确有些生气，不过，后来我也认真地想了这个问题，但越想越迷糊，不知道我到底是嫉妒她，还是因为不喜欢她爱炫耀的性格。该怎么分辨这两种不同的情绪呢？

▪ 如何发现自己是在嫉妒他人

1. 对他的要求格外苛刻。

2. 会质疑他优秀的地方。

3. 将对方的成就归结于运气好。

4. 对方身上有你不愿意承认的长处。

5. 你偷偷地将他和自己做比较。

6. 当别人讨论他的优点时，你会说起他的缺点。

7. 觉得别人喜欢他是因为他的外在或心机，而不是真正欣赏他。

8. 抨击喜欢他的人。

9. ____

10. ____

你觉得当我们嫉妒时，还会有什么样的行为呢？补充在横线上吧！

如果你发现自己面对一个人时出现了上面这些行为，就要有意识地反问一下自己，是不是嫉妒对方呢？

▪ 如何让嫉妒帮助我们成为更好的自己

我们嫉妒一个人，往往是在嫉妒他身上那些比我们更优秀的特质。

如果因为嫉妒而情绪失控，那么我们就会把焦点聚焦在“这个人真讨厌”上。

如果我们能够意识到自己在嫉妒什么，从而清晰地了解自己想要的是什么。这时，嫉妒就会成为一种动力。

比如，当我们嫉妒一个比我们人缘好的男生，说他的坏话并不能让我们获得好人缘，正确的做法是提升自己的社交沟通能力，甚至是观察他身上的可取之处，来帮助自己提升社交沟通能力。

好人也会嫉妒他人

我觉得我好糟糕……

为什么呀？

自从那个转学生来到咱们班后我才知道，原来我也会嫉妒别人。看到她比我更受欢迎时我心里难受，看到她名次比我好时我心里更难受。

朱雀姐姐：

以前我一直觉得自己不会嫉妒他人。自从班里转来了一个样样比我优秀的女生，我才发现，原来我不是一个“好人”，当别人比我优秀时，我也会非常嫉妒。我该怎么办呢？

■ 不要回避嫉妒

有时，我们不愿面对自己对他人的嫉妒，因为我们觉得自己是“好人”，而“好人”是不该有嫉妒心的。

心理学中有个著名的“认知失调”理论，就是说，当人的行为与他对自我的认知不一致时，就会产生不舒服的心理体验。

通常情况下，没有人会觉得自己是坏人，大家都觉得自己是好人。因此，当我们反感一个人的时候，我们会下意识地思考:“我为什么会做这样的事情呢？”

如果答案是“因为他比我优秀，所以我嫉妒他”，这就违背了“我是好人”这个认知，从而产生认知失调。

为了避免这种失调感，我们就会寻找其他解释，比如，“这个人哪里哪里不好，他真让人讨厌”。于是，我们时常会把嫉妒误认为是因为对方哪里不好我们才讨厌他的。

所以，我们经常意识不到自己是在嫉妒他人。

▪ 有嫉妒心就不是“好人”了吗

如果想和“嫉妒”和平共处，那就要直面它的存在，而非简单地给它扣上一顶“坏蛋”的帽子。

因为在接受自己会出现嫉妒情绪后，我们才会思考自己是真的讨厌那个人，还是在嫉妒那个人，以及我们因何而嫉妒。只有这样，才会减少我们出于嫉妒而伤害他人、自我折磨的行为。

另外，好人也会嫉妒他人，只不过他们不会因为嫉妒而伤害他人，而是把嫉妒转化为提升自我的动力。

总是输给他怎么办

你这次居然考年级第一名了！

呃……那是另一个李茂。我是年级第五十名。

不好意思呀……

不过年级第五十名也很厉害了！

朱雀姐姐：

我们班有一个和我同名同姓的男生。无论是成绩，还是人缘，甚至是才艺，他样样比我优秀。我很努力，想超过他，但总是输给他。我该怎么办呢？

▪ 输得起才快乐

跟比我们优秀的人比赛，即便输了也是赢。就像与棋艺高超的人下棋，对弈的过程中我们能从对手身上学到很多招数，即使棋局输了，我们依然实现了自我提升。

▪ 不要“对比他人”，要“自我突破”

有时我们可能会觉得，认可他人的优秀之处，就把自己比下去了，显得自己不优秀。

其实优秀不是对比出来的，世上没有那么多“既生瑜，何生亮”的事情，大多数情况下，他人的优秀并不妨碍我们的优秀。

如果一生都追求和他人的对比，无论是对比学业、外貌、事业、金钱还是其他，都是自寻烦恼的事情。不如试试将“与他人对比”换成“自我突破”，专注突破过去的自己，专注自己前进的步伐。

下次，如果遇到优秀的人，我们可以尝试不去比较，而是思考我们能从他身上学到什么。

比如：

1. 当他比我们成绩优秀。

我们可以学到：他的学习方法。

2. 当他比我们人缘好。

我们可以学到：如何与他人沟通。

3. 当他比我们有才艺。

我们可以学到：如何通过有效练习培养一项技能。

Chapter 7

为什么我总会有各种担忧

明天的旅行会不会泡汤

我给莉莉发信息，她为什么不回我信息？都已经发过去10分钟了……

你做了什么事情惹她生气了吗？

唉……她是不是不想理我了？

朱雀姐姐：

我从小喜欢做最坏的打算，比如，如果朋友不回我的消息，我就会一直担心他是不是讨厌我。考试后我明知道自己发挥得很好，但出成绩前我也会一直担心分数。

前两天，我和朋友莉莉说好一起去旅行。在出发前，我一直担心她会突然不去，或者我自己有什么意外情况导致不能去旅行。我担心得一晚上都没睡好，结果旅行的时候都没心情玩了。哎，我为什么总会忧心呢？

如果说恐惧会在你耳边大声提醒你：“当心点！”那担忧就是小声在跟你说：“可以稍稍当心点哟！”

有意义的担忧可以帮助我们更好地防患于未然，为可能发生的事情做好准备。而太多无意义的担忧就是将小概率发生的事件不断地放大，让我们感到痛苦，很难有精力再对所担忧的事情做好预防措施，并且可能会影响我们的正常生活。

另外，有些人习惯做最坏的打算，设想各种糟糕的情况，是为了在担忧的事情发生后，对自己的冲击少一点儿。

且不说能不能起到这样的作用，一件事有没有必要从一开始就做最坏的打算，需要从以下三方面判断。

▪ 我们目前还有可能改变事情发生的概率吗

考试结束但成绩未公布前，我们这个时候做最坏的打算，比如考砸了被父母批评，这有什么意义呢？

除了徒增烦恼，提前不开心几天外，根本什么都改变不了。

▪ 你担忧的情况发生的可能性

当我们出现担忧时，可以思考一下，我们担心的事情发生的可能性是高还是低。

比如，你的朋友虽然没有回你消息，但他这会儿可能在家上网课，没有看到你的消息。而且，你们也没有闹矛盾，那么他故意不回你消息的可能性就很低。我们担忧自己是不是得罪了对方就显得多此一举。

■ 你担忧的事情发生后对你造成的影响

比如，你担心明天下雨会影响和朋友出游。但是，如果明天真的下雨了，你和朋友的出游计划可以推后，这其实对你的生活并不会造成太糟糕的影响。

所以，当我们开始担忧会发生某些情况时，我们可以接着想一想，如果担忧的情况真的发生了，对我们的影响到底是哪种程度，是否真的会有破坏性的影响。

从这三个方面思考后，如果你觉得可以做一些事情来防止出现糟糕的情况，那么不妨把你想到的办法写下来，择优执行。

试一试吧！

将你担忧的事情写下来。

---

1. 目前还有可能改变事情发生的概率吗？写出你的分析。

0~5 分

0 分：没有可能

5 分：绝对有可能

---

2. 出现这种情况的可能性。写出你的分析。

0~5 分

0 分：不可能发生。

5 分：一定会发生。

____

3. 事情发生后对你造成的影响。写出你的分析。

0~5 分

0 分：没有影响。

5 分：破坏性影响。

____

4. 逐一写出预防担忧的事情发生的方法。

方法一:________________________________

方法二:________________________________

方法三:________________________________

让我担忧的聊天

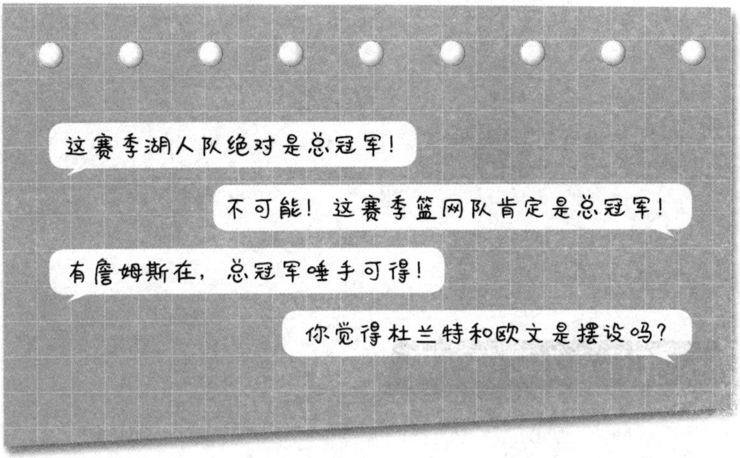
这赛季湖人队绝对是总冠军！
不可能！这赛季篮网队肯定是总冠军！
有詹姆斯在，总冠军唾手可得！
你觉得杜兰特和欧文是摆设吗？

这赛季湖人队绝对是总冠军！
不可能！这赛季篮网队肯定是总冠军！
9
6

朱雀姐姐：

我不太擅长和他人聊天，在和他人聊天的时候，我总会担心自己说错话，担心冷场，担心对方不喜欢跟我聊天等，因此非常紧张。我该怎么办呢？

▪ 把注意力转向外界

一个人在聊天时如果过度审视自我表现，就会出现消极的自我质疑，从而影响发挥。

这些消极的自我质疑通常是无意识的，非常迅速地自动发起，往往是一幅画面或一个转瞬即逝的念头。其中包含着你曾经体验过的负面经历与情绪，比如被人拒绝的画面、别人不是很友好的画面等。

如果我们在聊天的时候把注意力放在下面这些自我质疑的事情上，得到的答案一定是自我否定的。

“我刚刚说得怎么样？”

“他会不会不想和我聊天？”

“他现在对我什么评价？”

“我的手势是不是有点儿多？”

“他们会不会看出我很紧张？”

……

因为在与他人对话的过程中，我们很难进行长时间的、有逻辑的思考。

短时间内产生的自我思考往往只是一个下意识的念头，不太合逻辑，多是对自己的低评价，以及对一些消极后果的设想与放大。

于是，这些消极的自我对话就会让我们产生恐惧、担忧、尴尬等情绪，从而影响我们发挥。

其实，我们可以试着将注意力从对自己的观察转移到外界，沉浸在外界给我们带来的体验中。

比如，在聊天的时候，我们不必审视自己表现得怎么样，而是把注意力放在下面这些事情中。

1. 沉浸在你们的交流中。

2. 满足沟通欲，享受和他人聊天的过程。

3. 倾听对方的故事。

4. 思考对方观点中的逻辑。

5. 感受对方的情绪。

6. 观察他人的表情。

7. 观察他人的举动。

8. 察觉对方的意图。

这样可以帮助我们更好地反馈，更重要的是，这样可以降低紧张感。

至于对聊天过程中自我表现的反思，可以放在社交结束后，毕竟沟通是一件“台下十年功”的事情，没有必要非得在“台上一分钟”的时候去研究。

另外，只要我们真诚、友好、和善、在乎他人的感受，即便偶尔说错几句话，也不会影响我们和他人的关系。

他们会怎么评价我

这次在学校文艺汇演上表现得怎么样？

弹错了好几次。

没事，没事，再多练习练习就好啦！

班里的同学会不会笑话我？

怎么会呢？绝对不会笑话你的，别担心了。

朱雀姐姐：

前几天我在文艺汇演时发挥失常了，弹错了好多次。同学们会怎么评价我呢？他们会不会嘲笑我的钢琴弹奏水平很差？我该怎么办呢？

▪ 过滤他人的评价

面对他人的评价，我们可以有选择性地听取，听取那些有助于我们进步的评价，过滤掉那些恶意攻击的评价。

因为那些恶意攻击我们的人并不在乎我们的感受，我们又为什么要在乎他们的评价呢？

当然，我们很难做到完全不在乎他人的评价，但一定要努力做到避免过度在意他人的评价，避免将他人的评价视为左右我们价值的事情。

▪ 未来可改变现在的评价

他人对我们的评价会通过我们之后的行为而改变。比如，今天我们弹钢琴时失误了，别人或许会有一些负面的评价。但那又如何呢？只要未来我们的钢琴演奏水平越来越高，别人再评价我们这次的失误时就会变成:

“哇，他当时的失误或许只是心情不好。”

“哇，他果然很有弹钢琴的天赋，比之前进步了很多呀！”

“哇，他怎么越来越厉害啦！”

再如，我们成绩退步了，别人或许会有一些负面的评价。但那又如何呢？只要我们振作起来，更加努力地学习，别人再评价我们成绩退步这件事时就会变成:

“哇，他真的是百折不挠呀！”

“哇，他一点儿都没被打击到，真的好厉害呀！”

“哇，我如果有他这样的心态就太好啦！”